Rajni Gautam

O Guia Ayurvédico da Alimentação e Nutrição

Rajni Gautam

O Guia Ayurvédico da Alimentação e Nutrição

ScienciaScripts

Imprint

Any brand names and product names mentioned in this book are subject to trademark, brand or patent protection and are trademarks or registered trademarks of their respective holders. The use of brand names, product names, common names, trade names, product descriptions etc. even without a particular marking in this work is in no way to be construed to mean that such names may be regarded as unrestricted in respect of trademark and brand protection legislation and could thus be used by anyone.

Cover image: www.ingimage.com

This book is a translation from the original published under ISBN 978-620-7-80600-3.

Publisher:
Sciencia Scripts
is a trademark of
Dodo Books Indian Ocean Ltd. and OmniScriptum S.R.L publishing group

120 High Road, East Finchley, London, N2 9ED, United Kingdom
Str. Armeneasca 28/1, office 1, Chisinau MD-2012, Republic of Moldova, Europe
Printed at: see last page
ISBN: 978-620-7-99028-3

O Guia Ayurvédico da Alimentação e Nutrição

Por Rajni Gautam

Prefácio

Ayurveda, a antiga ciência indiana da vida e da longevidade, é um sistema holístico de medicina que enfatiza o equilíbrio e a harmonia do corpo, da mente e do espírito. No centro da filosofia ayurvédica está o entendimento de que os alimentos não são apenas combustível para o corpo, mas uma fonte vital de energia vital que pode promover a saúde, prevenir doenças e melhorar o bem-estar. Este livro explora os princípios da nutrição ayurvédica e oferece orientações práticas sobre como incorporar estes ensinamentos intemporais na sua vida quotidiana.

Índice

Introdução

A abordagem holística da Ayurveda

Ayurveda, que significa "a ciência da vida", é um sistema abrangente de saúde e bem-estar que tem sido praticado na Índia há mais de 5000 anos. Ao contrário de muitas abordagens médicas modernas que se concentram no tratamento de sintomas ou doenças específicas, a Ayurveda adopta uma perspetiva holística, abordando o corpo, a mente e o espírito como aspectos interligados de uma única entidade. Esta ciência antiga ensina que a verdadeira saúde é alcançada através do equilíbrio e da harmonia destes elementos dentro de nós e do nosso ambiente.

No centro da Ayurveda está o entendimento de que cada pessoa é única, com uma constituição distinta ou dosha que influencia as suas caraterísticas físicas, mentais e emocionais. Os três doshas - Vata, Pitta e Kapha - são derivados dos cinco elementos fundamentais: Éter (espaço), Ar, Fogo, Água e Terra. Ao reconhecer e equilibrar os nossos doshas através da alimentação, estilo de vida e outras práticas, podemos manter uma saúde óptima e prevenir doenças.

A Ayurveda também enfatiza a importância da digestão e do metabolismo, encapsulados no conceito de Agni, o fogo digestivo. Um Agni forte garante que digerimos e assimilamos corretamente os nutrientes dos nossos alimentos, eliminando eficazmente os resíduos. Um Agni fraco pode levar à acumulação de toxinas, conhecidas como ama, que podem causar vários problemas de saúde.

Para além das práticas dietéticas, a Ayurveda promove várias rotinas diárias e ajustamentos sazonais para manter o equilíbrio e o bem-estar. Esta abordagem holística garante que todos os aspectos da nossa vida contribuem para a nossa saúde geral, promovendo uma ligação profunda connosco e com o mundo natural.

Capítulo 1: Os fundamentos da Ayurveda

1.1 As origens e a filosofia da Ayurveda

As origens da Ayurveda

As origens da Ayurveda estão profundamente enraizadas na antiga civilização da Índia, datando de há mais de 5000 anos. Conhecida como a "ciência da vida", a Ayurveda engloba uma abordagem holística à saúde e ao bem-estar, integrando princípios de medicina, filosofia, espiritualidade e práticas de vida quotidiana. Compreender as origens da Ayurveda implica explorar o seu contexto histórico, os textos fundamentais e os contributos de antigos sábios e académicos.

Raízes antigas nos Vedas

A Ayurveda tem as suas origens nos Vedas, textos antigos considerados as mais antigas escrituras sagradas da Índia. Os Vedas estão divididos em quatro colecções principais: Rigveda, Samaveda, Yajurveda e Atharvaveda. Enquanto o Rigveda contém principalmente hinos e louvores a várias divindades, acredita-se que o Atharvaveda seja a fonte textual mais antiga do conhecimento ayurvédico. Contém versos e encantamentos relacionados com a cura, as ervas e os remédios.

Os textos primários da Ayurveda

Os textos fundamentais da Ayurveda são conhecidos como os Samhitas, que servem como guias completos da filosofia, princípios, diagnóstico e métodos de tratamento da Ayurveda. Os três Samhitas mais conhecidos são:

1. **Charaka Samhita**: Compilado pelo sábio Charaka, que se crê ter vivido por volta do século VI a.C., o Charaka Samhita é um dos textos mais antigos e de maior autoridade sobre a medicina ayurvédica. Abrange uma vasta gama de tópicos, incluindo anatomia, fisiologia, patologia, diagnóstico e métodos de tratamento.

2. **Sushruta Samhita**: Atribuído ao sábio Sushruta, que é considerado o pai da cirurgia, o Sushruta Samhita é um tratado abrangente sobre cirurgia, medicina e terapêutica. Apresenta descrições pormenorizadas de técnicas cirúrgicas, doenças e remédios à base de plantas.

3. **Ashtanga Hridaya**: Escrito pelo sábio Vagbhata, o Ashtanga Hridaya é uma síntese concisa dos ensinamentos ayurvédicos de textos anteriores como o Charaka e o Sushruta Samhitas. Apresenta os princípios ayurvédicos num formato sistemático e acessível, o que o torna um texto de referência popular para estudantes e profissionais.

Contribuições de antigos sábios e médicos

Ao longo da história, numerosos sábios, médicos e académicos contribuíram para o desenvolvimento e propagação do conhecimento ayurvédico. Estes antigos luminares, incluindo Charaka, Sushruta, Vagbhata e outros, documentaram as suas observações, experiências e práticas de saúde holísticas sob a forma de textos, ensinamentos e tradições orais. Os seus conhecimentos sobre a anatomia humana, a patologia das doenças, a fitoterapia e as práticas de estilo de vida lançaram as bases da Ayurveda tal como a conhecemos atualmente.

Evolução e influência global

Ao longo de milénios, a Ayurveda evoluiu e adaptou-se a contextos culturais, sociais e ambientais em mudança. Também se espalhou para além das fronteiras da Índia, influenciando sistemas de medicina tradicional em países vizinhos como o Sri Lanka, o Nepal e o Tibete. Nos últimos anos, a Ayurveda ganhou reconhecimento e popularidade em todo o mundo, à medida que as pessoas procuram abordagens holísticas à saúde e ao bem-estar que complementem a medicina moderna.

Em resumo, as origens da Ayurveda remontam à Índia antiga, onde surgiu como um sistema holístico de medicina e filosofia de vida. Enraizada nos Vedas e elucidada em textos clássicos como o Charaka Samhita e o Sushruta Samhita, a Ayurveda continua a oferecer uma sabedoria intemporal e conhecimentos práticos sobre saúde e bem-estar holísticos.

A filosofia da Ayurveda

Ayurveda é mais do que um sistema de medicina; é uma filosofia de vida que enfatiza a vida em harmonia com a natureza. A sua crença central é que o corpo, a mente e o espírito estão interligados e que a saúde é alcançada através do equilíbrio entre estes elementos. Esta abordagem holística assegura que todos os aspectos da vida de uma pessoa são considerados aquando do diagnóstico e tratamento de problemas de saúde.

1.2 Os cinco elementos

O conceito dos cinco elementos é fundamental para a Ayurveda, fornecendo uma estrutura para a compreensão dos princípios subjacentes da natureza e do corpo humano. Cada elemento incorpora qualidades únicas e influencia aspectos específicos do nosso bem-estar físico, mental e emocional.

1. Éter (Espaço)

Qualidades: O éter representa o espaço, a vastidão e o vazio. É subtil e intangível, proporcionando o espaço dentro do qual todos os outros elementos podem existir. Papel no corpo: O éter governa a vasta extensão do corpo, incluindo os espaços ocos dentro dos órgãos e os canais subtis de energia (nadis). Facilita o movimento, a comunicação e o fluxo de energia por todo o corpo.

2. Ar

Qualidades: O ar é caracterizado pelo movimento, leveza e expansão. É dinâmico, rápido e está sempre a mudar, tal como o vento.

Papel no corpo: O ar governa todos os movimentos do corpo, incluindo a respiração, a circulação e os impulsos nervosos. Apoia actividades como a respiração, a circulação e o movimento dos pensamentos e das emoções.

3. Incêndio

Qualidades: O fogo representa o calor, a transformação e o metabolismo. É intenso, radiante e transformador, como a chama de uma fogueira.

Papel no corpo: O fogo rege os processos metabólicos que ocorrem no corpo, incluindo a digestão, a absorção e a assimilação de nutrientes. Regula a temperatura corporal, transforma os alimentos em energia e mantém a vitalidade dos tecidos.

4. Água

Qualidades: A água personifica a coesão, a fluidez e a adaptabilidade. É nutritiva, calmante e essencial para a vida.

Papel no corpo: A água governa o equilíbrio dos fluidos no corpo, incluindo o sangue, a linfa e os fluidos celulares. Proporciona lubrificação às articulações, apoia a digestão e a eliminação e regula a temperatura.

5. Terra

Qualidades: A terra representa a solidez, a estabilidade e o fundamento. É densa, firme e solidária, como o solo sob os nossos pés.

Papel no corpo: A terra fornece a base estrutural para o corpo, incluindo ossos, músculos e tecidos. Confere estabilidade, força e resiliência, apoiando a resistência física e a vitalidade.

A interação dos elementos

No corpo humano, os cinco elementos interagem e combinam-se em proporções únicas para formar os três doshas: Vata (Éter e Ar), Pitta (Fogo e Água) e Kapha (Água e Terra). Estes doshas regem várias funções fisiológicas e psicológicas, influenciando a constituição individual (Prakriti), a saúde e o bem-estar.

A compreensão da interação entre os elementos e os doshas permite aos médicos ayurvédicos avaliar os desequilíbrios, recomendar tratamentos personalizados e promover a harmonia e o equilíbrio do corpo e da mente. Ao alinhar-se com os ritmos naturais e as qualidades dos elementos, os indivíduos podem cultivar uma saúde óptima, vitalidade e harmonia interior nas suas vidas.

1.3 Os Três Doshas: Vata, Pitta e Kapha

Os três doshas - Vata, Pitta e Kapha - são fundamentais para a filosofia Ayurvédica e desempenham um papel vital na manutenção do equilíbrio e da harmonia do corpo e da mente. Cada dosha engloba uma combinação única dos cinco elementos e incorpora qualidades e funções específicas.

1. Vata (Éter e Ar)

Qualidades: Vata é caracterizado pelas qualidades de leveza, secura, frieza, aspereza, subtileza e mobilidade.

Funções: Vata governa o movimento, a circulação, a respiração e o sistema nervoso. É responsável por todas as formas de movimento no corpo, incluindo a circulação do sangue, o fluxo de pensamentos e a eliminação de resíduos. Vata também desempenha um papel na criatividade, entusiasmo e adaptabilidade.

2. Pitta (Fogo e Água)

Qualidades: Pitta apresenta qualidades de calor, nitidez, leveza, oleosidade e intensidade.

Funções: Pitta governa a digestão, o metabolismo e a produção de energia dentro do corpo. Regula a temperatura corporal, apoia a transformação dos alimentos em energia e nutrientes e governa os processos metabólicos que ocorrem a nível celular. Pitta está associado ao intelecto, ambição e determinação.

3. Kapha (Água e Terra)

Qualidades: Kapha caracteriza-se pelas qualidades de peso, lentidão, firmeza, solidez, frieza, suavidade e oleosidade.

Funções: Kapha fornece estrutura, estabilidade e lubrificação dentro do corpo. É responsável pela construção e manutenção dos tecidos corporais, incluindo músculos, ossos e órgãos. Kapha também desempenha um papel no apoio à imunidade, regulando o equilíbrio da humidade e proporcionando estabilidade emocional e resistência.

Compreender o desequilíbrio de Dosha

De acordo com a Ayurveda, a saúde óptima é alcançada quando os três doshas estão num estado de equilíbrio. No entanto, vários factores como a alimentação, o estilo de vida, as influências ambientais e os factores de stress emocional podem perturbar o equilíbrio dos doshas, conduzindo a desequilíbrios e problemas de saúde.

- **Desequilíbrio de Vata**: O excesso de Vata pode manifestar-se sob a forma de sintomas como ansiedade, insónia, secura, obstipação e digestão irregular.
- **Desequilíbrio de Pitta**: O excesso de Pitta pode resultar em sintomas como acidez, inflamação, erupções cutâneas, raiva e hiperacidez.
- **Desequilíbrio de Kapha**: O excesso de Kapha pode levar a sintomas como aumento de peso, letargia, congestão, digestão lenta e apego emocional.

Equilíbrio dos Doshas

A Ayurveda oferece abordagens personalizadas para equilibrar os doshas e promover uma saúde óptima. Isto inclui recomendações de dieta, estilo de vida, remédios à base de plantas, ioga, meditação e práticas de desintoxicação adaptadas à constituição individual (Prakriti) e aos desequilíbrios (Vikriti). Ao compreender as qualidades e funções únicas de cada dosha, os indivíduos podem fazer escolhas informadas para apoiar o seu bem-estar e manter a harmonia no corpo e na mente.

1.4 Identificar o seu Dosha

Compreender o(s) seu(s) dosha(s) dominante(s) é crucial na Ayurveda para adaptar as escolhas de estilo de vida e os tratamentos para manter o equilíbrio e a saúde. Eis como pode identificar o seu dosha:

1. **Observação de traços físicos**: Preste atenção às caraterísticas físicas, como a estrutura do corpo, o tipo de pele, a textura do cabelo e a cor dos olhos. Os indivíduos Vata tendem a ter um corpo esguio, pele seca e cabelo encaracolado. Os indivíduos Pitta têm geralmente uma constituição média, pele sensível com tendência para a vermelhidão e cabelo liso. Os indivíduos Kapha têm normalmente uma constituição robusta, pele oleosa e cabelo espesso e ondulado.

2. **Avaliação dos padrões mentais e emocionais**: Refletir sobre as suas tendências mentais e emocionais. Os indivíduos Vata podem ser criativos, imaginativos e propensos a ansiedade e preocupação. Os tipos Pitta tendem a ser ambiciosos, organizados e podem sentir raiva ou irritabilidade quando estão em desequilíbrio. Os indivíduos Kapha são frequentemente calmos, carinhosos e podem ter dificuldades com o apego e a letargia.

3. **Avaliação dos padrões digestivos**: Considere a sua digestão e apetite. Os tipos Vata podem ter uma digestão irregular, os indivíduos Pitta tendem a ter uma digestão forte com tendência para a acidez e os tipos Kapha têm normalmente uma digestão lenta mas estável.

4. **Resposta a factores ambientais**: Observe como reage aos factores ambientais, como a temperatura, a humidade e as mudanças de tempo. Os tipos Vata são sensíveis ao frio e à secura, os indivíduos Pitta

podem ser agravados pelo calor e pela humidade e os tipos Kapha são afectados pela humidade e pelo frio.

O conceito de equilíbrio e desequilíbrio

Na Ayurveda, a saúde é definida como um estado de equilíbrio dentro e entre os doshas, os tecidos corporais, o fogo digestivo (Agni), os produtos residuais e a mente, os sentidos e o espírito. O desequilíbrio dos doshas pode levar à doença e ao mal-estar.

Factores como a alimentação, o estilo de vida, o clima, o stress e o estado emocional podem influenciar o equilíbrio dos doshas.

Abordagem ayurvédica para restabelecer o equilíbrio

O tratamento ayurvédico tem como objetivo restabelecer o equilíbrio através de uma combinação de alterações alimentares, remédios à base de plantas, modificações do estilo de vida, práticas de desintoxicação e práticas espirituais. Ao abordar a causa raiz do desequilíbrio, a Ayurveda procura promover o bem-estar geral e prevenir a doença.

Compreender a sua constituição única e reconhecer os sinais de desequilíbrio permite-lhe fazer escolhas informadas que apoiam a sua saúde e vitalidade.

Ao alinhar-se com os princípios da Ayurveda, pode cultivar o equilíbrio, a resiliência e a harmonia em todos os aspectos da sua vida.

Capítulo 2: Princípios Ayurvédicos da Nutrição

2.1 Os seis sabores

Na Ayurveda, o conceito dos seis sabores, ou rasas, é fundamental para compreender como os diferentes alimentos afectam o nosso corpo e a nossa mente. Cada sabor é composto por dois elementos e tem efeitos específicos sobre os doshas e a saúde em geral. Os seis sabores são:

1. Doce (Madhura)
   - Elementos: Terra e Água
   - Efeitos: Nutritivo, refrescante e estabilizador. Equilibra Vata e Pitta mas pode aumentar Kapha.
   - Fontes: Cereais, lacticínios, frutas, frutos secos e açúcares naturais.

2. Azedo (Amla)
   - Elementos: Terra e Fogo
   - Efeitos: Estimulante, aquecedor e estabilizador. Equilibra Vata mas pode aumentar Pitta e Kapha.
   - Fontes: Citrinos, alimentos fermentados e produtos lácteos azedos como o iogurte.

3. Salgado (Lavana)
   - Elementos: Água e Fogo
   - Efeitos: Humidificante, aquecedor e estabilizador. Equilibra Vata mas pode aumentar Pitta e Kapha.
   - Fontes: Sal, algas marinhas e alimentos salgados.

4. Amargo (Tikta)
   - Elementos: Ar e Éter
   - Efeitos: Desintoxicante, refrescante e secante. Equilibra Pitta e Kapha mas pode aumentar Vata.
   - Fontes: Verduras de folha, ervas amargas e certos vegetais como a cabaça amarga.

5. Pungente (Katu)

- Elementos: Fogo e Ar

- Efeitos: Estimulante, aquece e seca. Equilibra Kapha mas pode aumentar Vata e Pitta.

- Fontes: Especiarias como a malagueta, o gengibre, o alho e certos vegetais como os rabanetes.

6. Adstringente (Kashaya)

- Elementos: Ar e Terra
- Efeitos: Arrefecimento, secagem e ligação à terra. Equilibra Pitta e Kapha mas pode aumentar Vata.
- Fontes: Leguminosas, frutos crus, arandos e certos vegetais como os brócolos.

Equilibrar os seis sabores na sua dieta ajuda a garantir que recebe uma vasta gama de nutrientes e mantém o equilíbrio doshico. Ajustar a proporção destes sabores de acordo com o seu dosha dominante pode melhorar ainda mais a sua saúde.

2.2 Agni: O Fogo Digestivo

Na Ayurveda, Agni, ou o fogo digestivo, é considerado uma pedra angular da saúde e do bem-estar. Representa a capacidade do corpo para digerir os alimentos, assimilar os nutrientes e eliminar os resíduos de forma eficaz. Um Agni forte é essencial para uma digestão e um metabolismo óptimos, ao passo que um Agni fraco ou prejudicado pode levar a problemas digestivos e à acumulação de toxinas (ama) no corpo.

Importância de Agni

Agni desempenha um papel crucial no processo digestivo, transformando os alimentos em energia e blocos de construção para o corpo. Regula várias funções metabólicas e assegura o funcionamento correto dos sistemas corporais. Um Agni forte promove a vitalidade, a imunidade e a saúde em geral, enquanto um Agni fraco pode levar a letargia, desconforto digestivo e suscetibilidade a doenças.

Tipos de Agni

A Ayurveda identifica quatro tipos principais de Agni, cada um com as suas próprias caraterísticas e implicações para a saúde:

1. **Sama Agni (Fogo Digestivo Equilibrado)**: Caracterizado por uma digestão e eliminação regulares, Sama Agni apoia uma saúde e vitalidade óptimas. Indivíduos com Sama Agni experimentam apetite, digestão e eliminação regulares sem quaisquer flutuações significativas.

2. **Tikshna Agni (Fogo Digestivo Acentuado)**: Tikshna Agni é marcado por uma digestão muito forte, muitas vezes levando a fome excessiva, metabolismo rápido e sede intensa. Este tipo de Agni é comum em indivíduos com predominância Pitta, que podem ter tendência para sofrer de azia, acidez ou inflamação se o Agni se tornar demasiado intenso.

3. **Manda Agni (Fogo Digestivo Lento)**: O Manda Agni é caracterizado por uma digestão lenta e vagarosa, resultando numa sensação de peso após as refeições e dificuldade em perder peso. Este tipo de Agni é predominante em indivíduos com dominância de Kaphad, que podem beneficiar de alimentos e ervas leves e estimulantes para melhorar a digestão.

4. **Vishama Agni (Fogo Digestivo Irregular)**: Vishama Agni apresenta uma digestão imprevisível, com períodos de digestão forte e fraca. Os indivíduos com Vishama Agni, frequentemente dominantes em Vata, podem sentir apetite irregular, inchaço, gases e movimentos intestinais irregulares. Equilibrar o Vata dosha é essencial para estabilizar o Vishama Agni através de práticas de nutrição e de ligação à terra.

Cultivar um Agni saudável

A manutenção de um Agni equilibrado é essencial para promover a saúde e o bem-estar geral na Ayurveda. As estratégias para cultivar um Agni saudável incluem:

- **Comer com atenção**: Mastigar bem os alimentos, comer a horas regulares e evitar comer em excesso ou à pressa.

- **Escolher alimentos favoráveis à digestão**: Dê ênfase a alimentos de fácil digestão, legumes cozinhados, cereais integrais e chás de ervas que apoiam a digestão.
- **Apimente as suas refeições**: Incorpore especiarias digestivas como o gengibre, cominhos, coentros e funcho nos seus cozinhados para estimular Agni.
- **Manter um estilo de vida equilibrado**: Estabelecer uma rotina diária regular, gerir o stress através de práticas como o ioga e a meditação, e dar prioridade a um sono adequado para apoiar uma digestão óptima.

Ao nutrir Agni através de uma alimentação consciente, escolhas de estilo de vida e práticas ayurvédicas, os indivíduos podem otimizar a sua digestão, metabolismo e saúde geral de acordo com a sua constituição e necessidades únicas.

2.3 Combinações de alimentos

A Ayurveda dá grande ênfase às combinações adequadas de alimentos para otimizar a digestão, melhorar a absorção de nutrientes e evitar a formação de toxinas (ama) no corpo. Acredita-se que certas combinações apoiam uma digestão eficiente e promovem o bem-estar geral, enquanto outras podem levar a problemas digestivos e desequilíbrios. Aqui estão algumas combinações de alimentos benéficas e incompatíveis de acordo com a Ayurveda:

Combinações benéficas:

1. **Grãos e legumes**: A combinação de cereais com legumes proporciona uma refeição equilibrada, fácil de digerir e nutritiva para o organismo. Exemplos incluem arroz com legumes cozinhados a vapor ou quinoa com legumes assados.
2. **Grãos e Leguminosas**: Combinar cereais com leguminosas cria uma fonte de proteína completa e apoia uma nutrição equilibrada. Exemplos incluem arroz e lentilhas ou pão integral com húmus.
3. **Frutas consumidas sozinhas, especialmente melões**: O consumo de frutos isolados permite uma digestão e absorção óptimas dos nutrientes. Os melões, em particular, são melhor consumidos sozinhos devido ao seu rápido tempo de digestão. Aprecie os frutos como um

lanche entre as refeições ou como parte de um pequeno-almoço ligeiro.

Combinações incompatíveis:
1. **Fruta e lacticínios**: A mistura de fruta com produtos lácteos pode levar à fermentação no trato digestivo, causando inchaço, gases e desconforto digestivo. Evite combinações como batidos de fruta com iogurte ou saladas de fruta com queijo.
2. **Lacticínios e peixe**: Os produtos lácteos são pesados e refrescantes por natureza, enquanto o peixe é leve e aquece. A combinação destes alimentos contrastantes pode perturbar a digestão e criar ama. É preferível consumir os lacticínios e o peixe separadamente.
3. **Carne e lacticínios**: Tal como acontece com os lacticínios e o peixe, a combinação de carne com lacticínios pode causar problemas digestivos devido às suas qualidades contrastantes. Evite pratos como caril de carne cremoso ou carne com coberturas de queijo.
4. **Amido e proteína**: Misturar alimentos ricos em amido com alimentos ricos em proteínas pode criar problemas digestivos, uma vez que estes requerem enzimas diferentes para a digestão. Exemplos incluem batatas com carne ou pão com ovos.

Diretrizes para a saúde digestiva:
- **Comer com atenção**: Mastigar bem os alimentos, comer num ambiente descontraído e saborear cada dentada.
- **Siga horários regulares para as refeições**: Estabelecer um horário de refeições consistente para apoiar uma digestão saudável.
- **Mantenha-se hidratado**: Beba água entre as refeições para ajudar a digestão e evitar a desidratação.
- **Ouça o seu corpo**: Preste atenção à forma como as diferentes combinações de alimentos o fazem sentir e faça os ajustes necessários.
- **Considerar as necessidades individuais**: A Ayurveda reconhece que as constituições individuais variam, por isso personalize a sua dieta com base nas suas necessidades e preferências únicas.

Ao seguir estas diretrizes ayurvédicas para combinações de alimentos, pode apoiar uma digestão óptima, reduzir o risco de desconforto digestivo e promover a saúde e o bem-estar geral, de acordo com os princípios da Ayurveda.

2.4 Alimentação sazonal

A Ayurveda enfatiza a importância de alinhar a nossa dieta com a mudança das estações para manter a harmonia com a natureza e apoiar o equilíbrio dos doshas. Ao adaptarmos as nossas escolhas alimentares às qualidades de cada estação, podemos promover uma saúde, digestão e bem-estar óptimos. Aqui está um guia para a alimentação sazonal de acordo com a Ayurveda:

primavera (estação de Kapha):
- **Foco**: Alimentos leves, secos e quentes para contrabalançar as qualidades pesadas e húmidas da estação de Kapha.
- **Sabores**: Dar ênfase aos sabores amargo, picante e adstringente para reduzir o Kapha dosha.
- **Exemplos**: Folhas verdes (como espinafres e couve), leguminosas (como lentilhas e grão-de-bico) e especiarias quentes como o gengibre e a curcuma.

verão (estação Pitta):
- **Foco**: Alimentos refrescantes, hidratantes e ligeiramente condimentados para pacificar a natureza ardente de Pitta e evitar o sobreaquecimento.
- **Sabores**: Dar ênfase aos sabores doce, amargo e adstringente para arrefecer e equilibrar o Pitta dosha.
- **Exemplos**: Pepinos, melões, frutas doces, ervas refrescantes como a hortelã e o coentro, e bebidas refrescantes como a água de coco.

outono (estação Vata):
- **Foco**: Alimentos quentes, húmidos e que dão força à terra para contrariar as qualidades secas e frias da estação de Vata e apoiar a estabilidade.
- **Sabores**: Dar ênfase aos sabores doce, azedo e salgado para nutrir e moer Vata dosha.

- **Exemplos**: Vegetais de raiz (como a batata-doce e a cenoura), cereais cozinhados (como o arroz e a aveia), sopas nutritivas e especiarias quentes como a canela e o cardamomo.

inverno (estação Vata/Kapha):
- **Foco**: Alimentos quentes, saudáveis e nutritivos para proporcionar conforto e sustento durante a estação fria e seca.
- **Sabores**: Dar ênfase aos sabores doce, azedo e salgado, com alimentos adicionais oleosos e substanciais para pacificar os doshas Vata e Kapha.
- **Exemplos**: Ensopados e caçarolas feitos com vegetais de raiz e cereais, gorduras nutritivas como ghee e óleo de sésamo, e bebidas quentes como chás de ervas.

Diretrizes para uma alimentação sazonal:
- **Comer fresco e local**: Escolha produtos sazonais e cultivados localmente sempre que possível para se alinhar com os ritmos naturais do ambiente.
- **Ouça o seu corpo**: Preste atenção aos desejos e níveis de energia do seu corpo, ajustando a sua dieta em conformidade para manter o equilíbrio.
- **A moderação é fundamental**: Comer com atenção e evitar o consumo excessivo de alimentos pesados ou inadequados, mesmo que estejam na época.
- **Mantenha-se hidratado**: Beber muita água e bebidas hidratantes ao longo do dia, especialmente durante os meses mais quentes.
- **Apoiar a digestão**: Incorporar especiarias e ervas digestivas nas suas refeições para apoiar uma digestão saudável e a assimilação de nutrientes.

Ao seguir os princípios da alimentação sazonal de acordo com a Ayurveda, pode promover o equilíbrio, a vitalidade e o bem-estar ao longo do ano, nutrindo o seu corpo e mente em harmonia com os ciclos da natureza.

2.5 Compreender o Ama (Toxinas)

A Ama é uma substância tóxica que se acumula no corpo como resultado de uma digestão e metabolismo incorrectos. É considerada a causa raiz de muitas doenças na Ayurveda e pode levar a uma vasta gama de sintomas que afectam a saúde física e mental. Reconhecer os sinais de ama é crucial para tratar os desequilíbrios e promover o bem-estar geral.

Sintomas de Ama:
- **Letargia**: Uma sensação de peso, fadiga e falta de energia.
- **Língua revestida**: Uma camada espessa na língua, indicando má digestão e acumulação de toxinas.
- **Mau hálito**: Hálito com mau cheiro devido à presença de toxinas no trato digestivo.
- **Indigestão**: Dificuldade em digerir os alimentos, acompanhada de inchaço, gases e desconforto.
- **Peso geral**: Uma sensação de peso ou congestão no corpo, frequentemente acompanhada de nevoeiro mental e estagnação emocional.

Prevenir a formação de Ama:
A Ayurveda oferece abordagens holísticas para prevenir a formação de ama e promover uma digestão, metabolismo e desintoxicação óptimos. Eis algumas práticas recomendadas:
1. **Coma de acordo com o seu Dosha e a estação do ano**: Adapte a sua dieta à sua constituição única (Prakriti) e à estação do ano atual para manter o equilíbrio e a harmonia com a natureza.
2. **Manter um Agni (fogo digestivo) forte**: Apoiar a digestão e o metabolismo saudáveis, fazendo escolhas alimentares corretas, comendo com atenção e seguindo horários regulares para as refeições.
3. **Evitar comer em excesso**: Praticar a moderação e evitar o consumo de quantidades excessivas de alimentos, que podem sobrecarregar o sistema digestivo e levar à formação de ama.
4. **Mantenha-se hidratado**: Beba água morna ou à temperatura ambiente ao longo do dia para manter a hidratação e facilitar a

eliminação de toxinas do corpo.

5. **Incorporar ervas e especiarias desintoxicantes**: Inclua na sua dieta ervas e especiarias com propriedades desintoxicantes, como a curcuma, o gengibre, os cominhos e os coentros, para melhorar a digestão e limpar o organismo.

6. **Pratique rotinas regulares de desintoxicação**: Incorporar práticas de desintoxicação no seu estilo de vida, como jejuns periódicos, limpezas com ervas ou o programa tradicional de desintoxicação ayurvédico conhecido como Panchakarma, para eliminar as toxinas acumuladas no corpo.

Ao compreender o conceito de ama e ao aplicar estes princípios ayurvédicos de nutrição e desintoxicação, pode apoiar uma digestão óptima, prevenir doenças e melhorar o seu bem-estar geral. Ao nutrir um Agni forte, fazendo escolhas alimentares conscientes e adoptando práticas de estilo de vida saudáveis, pode promover a vitalidade, a longevidade e a harmonia no corpo e na mente.

Capítulo 3: Alimentos para o seu Dosha

3.1 Alimentos pacificadores de Vata

Vata dosha é caracterizado pelas qualidades de secura, leveza, frieza, aspereza, subtileza e mobilidade. Quando Vata está desequilibrado, pode levar a problemas como ansiedade, pele seca, obstipação e digestão irregular. Para pacificar Vata, concentre-se em alimentos que sejam quentes, húmidos, que tenham um efeito de base e que sejam nutritivos.

Qualidades dos alimentos pacificadores de Vata

- Quente

- Húmido

- Pesado

- Sabores doce, azedo e salgado

Alimentos recomendados

- Grãos: Os cereais cozinhados, como o arroz, a aveia, a quinoa e o trigo, são nutritivos e dão energia.
- Legumes: Legumes cozinhados, como cenouras, batatas doces, abóbora, beterraba e folhas verdes. Evite legumes crus e demasiado secos.
- Frutos: Frutos doces e maduros como bananas, mangas, bagas, abacates e uvas. Evite os frutos adstringentes, como os arandos e as romãs.
- Lacticínios: O leite morno, o ghee e os queijos de pasta mole são benéficos. Evite os queijos frios e duros.
- Proteínas: Lentilhas, feijão-mungo, tofu e produtos lácteos. Evite os feijões de difícil digestão.
- Frutos secos e sementes: Frutos secos demolhados ou torrados, como as amêndoas e as nozes. Evitar frutos secos e crus.
- Especiarias: Especiarias quentes como o gengibre, a canela, o cardamomo, os cominhos e o cravinho. Estas ajudam a estimular a digestão e a equilibrar Vata.
- Óleos: As gorduras saudáveis, como o óleo de sésamo, o azeite e o ghee, são fortalecedoras e hidratantes.

Alimentos a minimizar

- Alimentos e bebidas frias

- Vegetais crus

- Alimentos secos e leves como bolachas e pipocas

- Sabores amargos e adstringentes
- Cafeína e bebidas gaseificadas

3.2 Alimentos pacificadores de Pitta

Pitta dosha é caracterizado pelas qualidades de calor, nitidez, leveza, intensidade e oleosidade. Um desequilíbrio em Pitta pode levar a inflamação, refluxo ácido, irritabilidade e erupções cutâneas. Para pacificar Pitta, concentre-se em alimentos que sejam refrescantes, calmantes e menos oleosos.

Qualidades dos alimentos pacificadores de Pitta

- Fixe
- Pesado
- Seco
- Sabores doce, amargo e adstringente

Alimentos recomendados

- Cereais: Grãos refrescantes como a cevada, o arroz, a aveia e o trigo. Evite demasiado milho e painço.
- Legumes: Vegetais frescos e hidratantes, como pepinos, curgetes, folhas verdes e brócolos. Evite os vegetais de folha caduca, como o tomate e os pimentos.
- Frutos: Frutos doces e refrescantes como melões, pêras, maçãs e romãs. Evite frutos ácidos e azedos como os citrinos e os morangos.
- Lacticínios: Refrigerar produtos lácteos como leite, ghee e manteiga sem sal. Evitar os produtos lácteos azedos, como o iogurte e o queijo.
- Proteínas: Proteínas de origem vegetal, como feijão-mungo, lentilhas e tofu. Evite proteínas demasiado salgadas ou oleosas.
- Frutos secos e sementes: Sementes de coco e de girassol com moderação. Evite frutos secos oleosos e quentes, como os amendoins.
- Especiarias: Especiarias refrescantes, como coentros, funcho, hortelã

e curcuma. Evite as especiarias quentes e picantes.

- Óleos: Utilize com moderação óleos refrescantes como o óleo de coco e o óleo de girassol.

Alimentos a minimizar

- Alimentos picantes e quentes
- Alimentos ácidos e fermentados
- Cafeína e álcool
- Alimentos fritos e oleosos
- Excesso de sal

3.3 Alimentos pacificadores de Kapha

O dosha Kapha é caracterizado pelas qualidades de peso, frieza, oleosidade e estabilidade. Um desequilíbrio em Kapha pode levar a letargia, aumento de peso, congestão e sono excessivo. Para pacificar Kapha, concentre-se em alimentos leves, secos, quentes e estimulantes.

Qualidades dos alimentos pacificadores de Kapha

- Quente
- Luz
- Seco
- Sabores amargo, picante e adstringente

Alimentos recomendados

- Grãos: Grãos leves como a cevada, o painço, a quinoa e o trigo sarraceno. Evite grãos pesados e pegajosos como o trigo e o arroz.
- Legumes: Legumes leves e adstringentes, como as folhas verdes, os brócolos, a couve-flor e os espargos. Evite os legumes pesados e aquosos, como as batatas e os tomates.
- Frutos: Frutos leves e adstringentes como maçãs, pêras e bagas. Evite os frutos doces e pesados, como as bananas e os abacates.
- Lacticínios: Consumo mínimo de lacticínios, com utilização ocasional de leite magro e iogurte magro. Evitar produtos lácteos pesados e oleosos.
- Proteínas: Proteínas leves como legumes, lentilhas e carnes brancas. Evite as carnes pesadas e gordas.
- Frutos secos e sementes: Pequenas quantidades de sementes leves,

como sementes de abóbora e de girassol. Evitar frutos secos pesados e oleosos.

- Especiarias: Especiarias estimulantes e quentes, como o gengibre, a pimenta preta, a semente de mostarda e a curcuma. Estas ajudam a estimular a digestão e o metabolismo.
- Óleos: Utilização mínima de óleos leves como o óleo de mostarda e o óleo de linhaça. Evitar óleos pesados.

Alimentos a minimizar

- Alimentos frios e pesados
- Alimentos doces e oleosos
- Produtos lácteos
- Excesso de sal e açúcar
- Alimentos processados e fritos

3.4 Equilíbrio de múltiplos Doshas

Muitas pessoas têm uma constituição de dosha duplo, o que significa que têm dois doshas predominantes. O equilíbrio de múltiplos doshas requer uma abordagem diferenciada que tenha em conta as qualidades de ambos os doshas.

Orientações gerais

- Vata-Pitta: Concentrar-se em alimentos refrescantes e nutritivos para equilibrar ambos os doshas. Evitar alimentos demasiado quentes e secantes. Dê ênfase aos sabores doce, amargo e adstringente. Por exemplo, legumes cozinhados com especiarias refrescantes como coentros e funcho.
- Pitta-Kapha: Dar ênfase a alimentos refrescantes e leves. Evite alimentos oleosos e pesados que podem agravar ambos os doshas. Concentre-se nos sabores amargo, adstringente e doce. Por exemplo, folhas verdes com um toque de óleo de coco e especiarias como açafrão e coentros.
- Vata-Kapha: Escolher alimentos quentes, leves e ligeiramente condimentados. Evite alimentos frios, pesados e demasiado oleosos. Concentre-se nos sabores doce, amargo e adstringente. Por exemplo, sopas quentes com vegetais de raiz e especiarias como gengibre e

pimenta preta.

Ajustes sazonais

Ajuste a sua dieta de acordo com a estação do ano para ajudar a equilibrar vários doshas. Por exemplo, durante os meses quentes de verão (estação Pitta), dê ênfase aos alimentos refrescantes, independentemente do seu dosha secundário. Durante os meses frios de inverno (estação Vata/Kapha), privilegie os alimentos quentes e nutritivos.

Ouvir o seu corpo

A Ayurveda enfatiza a importância de sintonizar os sinais do seu corpo e ajustar a sua dieta em conformidade. Se se sentir desequilibrado, repare quais são as qualidades dosha predominantes e ajuste as suas escolhas alimentares para contrabalançar essas qualidades.

Ao compreender e aplicar estes princípios, pode adaptar a sua dieta para manter o equilíbrio e a harmonia entre os seus doshas, promovendo a saúde e o bem-estar geral.

Capítulo 4: Práticas ayurvédicas diárias para uma nutrição óptima

4.1 Alimentação consciente

A alimentação consciente é uma pedra angular da nutrição ayurvédica, promovendo uma ligação mais profunda com os alimentos e melhorando a digestão, a satisfação e o bem-estar geral. Ao cultivar a atenção plena durante as refeições, podemos nutrir os nossos corpos e mentes de uma forma holística, promovendo uma maior consciência e apreciação pelo ato de comer.

Princípios da alimentação consciente:

1. **Comer sem distracções**: Crie um ambiente tranquilo para comer, sem distracções como a televisão, o telemóvel ou o trabalho. Concentre-se apenas na experiência de comer e saborear cada dentada.
2. **Mastigar bem**: Mastigar cada pedaço de comida lenta e completamente, permitindo que os sabores se desenvolvam completamente e ajudando o processo digestivo. Mastigar bem também ajuda a decompor os alimentos em partículas mais pequenas para uma absorção mais fácil.
3. **Ouça o seu corpo**: Sintonize-se com os sinais de fome e saciedade do seu corpo. Coma quando sentir fome e pare quando se sentir satisfeito, em vez de comer com base em sinais externos ou emoções.
4. **Aprecie a sua comida**: Antes de mergulhar na sua refeição, pare um momento para apreciar a aparência, o aroma e a textura da sua comida. Cultive a gratidão pelo alimento que fornece e pelo esforço que foi feito na sua preparação.
5. **Comer com gratidão**: Pratique a gratidão pela abundância de alimentos e nutrição que tem à sua disposição. Reconhecer a interconexão da produção, distribuição e consumo de alimentos e expressar gratidão pela energia e sustento que eles proporcionam.

Benefícios de uma alimentação consciente:

- **Melhoria da digestão**: Comer com atenção promove uma digestão óptima, permitindo que o corpo se envolva totalmente no processo digestivo, desde a mastigação até à absorção.

- **Maior satisfação**: Ao estar totalmente presente durante as refeições, pode sentir uma maior satisfação e prazer com a sua comida, levando a uma experiência alimentar mais gratificante.
- **Melhores escolhas alimentares**: A alimentação consciente ajuda-o a estar mais em sintonia com as necessidades e preferências do seu corpo, permitindo-lhe fazer escolhas alimentares mais saudáveis que se alinham com o seu bem-estar.
- **Redução do stress**: Comer com atenção pode ajudar a reduzir o stress e a promover o relaxamento, uma vez que se concentra no momento presente e deixa de lado as distracções e as preocupações.

Incorporar a alimentação consciente na sua rotina:
- **Comece devagar**: Comece por incorporar a atenção plena numa refeição por dia e expanda-a gradualmente para outras refeições.
- **Pratique a gratidão**: Reserve um momento antes de cada refeição para expressar gratidão pelos alimentos que está prestes a comer e pela nutrição que estes lhe proporcionam.
- **Comer com consciência**: Preste atenção à experiência sensorial de comer, incluindo o sabor, a textura e o aroma dos alimentos.
- **Ouça o seu corpo**: Sintonize-se com os sinais de fome e saciedade do seu corpo, comendo quando tem fome e parando quando está satisfeito.

Ao adotar a alimentação consciente como uma prática diária, pode cultivar uma ligação mais profunda com a sua comida, melhorar a digestão e nutrir o seu corpo e mente de acordo com os princípios da Ayurveda.

4.2 Horários e frequência das refeições

Na Ayurveda, o horário e a frequência das refeições são factores essenciais para promover uma digestão, um metabolismo e um bem-estar geral óptimos. Ao alinharmos os nossos hábitos alimentares com os ritmos naturais e a capacidade digestiva do corpo, podemos apoiar uma digestão saudável, níveis de energia e vitalidade ao longo do dia.

Horário ideal para as refeições:
1. **Pequeno-almoço (7:00 - 9:00):**
   - O fogo digestivo (Agni) está a despertar, o que faz com que esta seja a altura ideal para um pequeno-almoço leve e nutritivo.
   - Exemplos: Uma papa quente, fruta fresca, chá de ervas ou uma pequena porção de frutos secos podem fornecer um alimento suave para começar o dia.
2. **Almoço (12:00 - 2:00 PM):**
   - Agni está no seu pico durante o meio-dia, fazendo do almoço a refeição mais substancial do dia.
   - Incluir uma mistura equilibrada de cereais, legumes, proteínas e gorduras saudáveis para fornecer energia e nutrição sustentadas.
   - Opte por alimentos cozinhados em vez de crus, pois são mais fáceis de digerir e assimilar.
3. **Jantar (18:00 - 20:00):**
   - O agni começa a diminuir à noite, pelo que o jantar deve ser mais leve e mais fácil de digerir do que o almoço.
   - Escolha alimentos quentes, cozinhados, que sejam nutritivos e que sirvam de base, como sopas, legumes cozidos a vapor ou cereais leves.
   - Evitar alimentos pesados ou estimulantes perto da hora de deitar para favorecer um sono reparador e o rejuvenescimento noturno.

Frequência das refeições:
- **Horários regulares das refeições**: Comer a intervalos regulares ao longo do dia para apoiar o ritmo digestivo natural e o metabolismo do corpo. Saltar refeições ou comer a horas irregulares pode perturbar a digestão e os níveis de energia.
- **Evitar petiscar**: O intervalo entre as refeições deve ser de 3 a 4 horas, para que o sistema digestivo tenha tempo suficiente para processar e assimilar totalmente os alimentos. Evite petiscar frequentemente, especialmente alimentos pesados ou processados, que podem

sobrecarregar o sistema digestivo e provocar desconforto digestivo.

Conselhos para uma alimentação saudável:
- **Comer com atenção**: Sente-se para comer num ambiente calmo e descontraído, sem distracções. Mastigue bem cada dentada e saboreie os sabores da sua comida.
- **Mantenha-se hidratado**: Beba água entre as refeições para se manter hidratado e apoiar a digestão. Evite beber grandes quantidades de água às refeições, uma vez que pode diluir os sucos digestivos.
- **Ouça o seu corpo**: Preste atenção aos sinais de fome e saciedade, comendo quando tem fome e parando quando está satisfeito. Evite comer em excesso ou comer por hábito e não por verdadeira fome.

Ao respeitar os ritmos naturais do corpo e a capacidade digestiva através da frequência e do horário das refeições, podemos apoiar uma digestão, um metabolismo e uma saúde geral óptimos, de acordo com os princípios da Ayurveda. Ao fazer escolhas conscientes sobre quando e o que comemos, podemos cultivar o equilíbrio, a vitalidade e o bem-estar na nossa vida quotidiana.

4.3 Hidratação

Uma hidratação adequada é vital para manter a saúde e o bem-estar geral, apoiar a digestão e promover o equilíbrio das funções corporais. A Ayurveda oferece diretrizes específicas sobre como se manter hidratado de forma eficaz sem perturbar Agni, o fogo digestivo.

Dicas de hidratação:
1. **Água morna ou à temperatura ambiente**:
   - Evitar o consumo de água fria, uma vez que esta pode amortecer o Agni (fogo digestivo) e dificultar a digestão.
   - Opte por água morna ou à temperatura ambiente, que facilita a digestão e ajuda a manter o equilíbrio natural do corpo.
2. **Beba água ao longo do dia**:
   - Em vez de beber grandes quantidades de água de uma só vez, beba água gradualmente ao longo do dia para se manter

hidratado.

- Beber água de forma consistente ajuda a manter a hidratação e a digestão sem sobrecarregar o sistema.

3. **Evite beber grandes quantidades durante as refeições**:
   - Evitar beber grandes quantidades de água durante as refeições, pois isso pode diluir os sucos digestivos e prejudicar a digestão.
   - Se necessário, beber pequenos goles de água durante as refeições, mas evitar o consumo excessivo.

4. **Chás de ervas**:
   - Incorpore chás de ervas na sua rotina diária para apoiar a hidratação e o equilíbrio de acordo com o seu dosha.
   - Escolha chás de ervas que estejam de acordo com a sua constituição, como o chá de gengibre para Vata, o chá de menta para Pitta ou o chá de canela para Kapha.

Considerações adicionais:
- **Ouça o seu corpo**: Preste atenção aos sinais de sede do seu corpo e beba água em conformidade. A sede é um sinal natural que indica a necessidade de hidratação do corpo.
- **Equilibre com outras bebidas**: Embora a água seja essencial, também se pode hidratar com outras bebidas, como infusões de ervas, água de coco ou caldos quentes, dependendo das suas preferências e necessidades dietéticas.
- **Alimentos hidratantes**: Consuma alimentos hidratantes, como frutas e legumes com elevado teor de água, incluindo pepinos, melancias, laranjas e folhas verdes, para complementar os seus esforços de hidratação.
- **Considerar as necessidades sazonais**: Ajuste as suas práticas de hidratação com base nas alterações sazonais, uma vez que as condições climatéricas podem influenciar as necessidades de hidratação. Durante os meses mais quentes, pode ser necessário aumentar a ingestão de líquidos para se manter adequadamente hidratado.

Seguindo os princípios ayurvédicos de hidratação e incorporando práticas conscientes na sua rotina diária, pode apoiar a hidratação, a digestão e o bem-estar geral ideais. Ao escolher água morna ou à temperatura ambiente, bebendo gradualmente ao longo do dia e incorporando chás de ervas, pode nutrir o seu corpo e manter o equilíbrio de acordo com a sabedoria da Ayurveda.

4.4 O papel das especiarias e das ervas aromáticas

As especiarias e as ervas aromáticas desempenham um papel central na nutrição ayurvédica, não só realçando o sabor dos pratos, mas também oferecendo benefícios terapêuticos que apoiam a digestão, equilibram os doshas e promovem a saúde e o bem-estar geral.

Especiarias ayurvédicas comuns e seus benefícios:
1. **Gengibre**:
   - Ajuda a digestão, reduz as náuseas e apoia a circulação.
   - Equilibra os doshas Vata e Kapha.
2. **Açafrão-da-terra**:
   - Propriedades anti-inflamatórias, desintoxicantes e antioxidantes.
   - Equilibra os três doshas, sendo particularmente benéfico para Pitta.
3. **Cominhos**:
   - Melhora a digestão, reduz os gases e aumenta o metabolismo.
   - Equilibra os doshas Vata e Kapha.
4. **Coentros**:
   - Refrescante e calmante para o sistema digestivo.
   - Equilibra os doshas Pitta e Vata.
5. **Funcho**:
   - Acalma o trato digestivo, reduz o inchaço e refresca o hálito.
   - Equilibra os doshas Vata e Pitta.
6. **Pimenta preta**:
   - Estimula a digestão, melhora a absorção de nutrientes e apoia a desintoxicação.
   - Equilibra o Kapha dosha.

Incorporar especiarias e ervas aromáticas na sua dieta:

- **Cozinhar**: Adicione uma variedade de especiarias e ervas aromáticas aos seus cozinhados para melhorar o sabor e a digestibilidade. Crie misturas de especiarias equilibradas como "trikatu" (uma mistura de gengibre, pimenta preta e pimenta longa) ou "panch phoron" (uma mistura de cominhos, feno-grego, sementes de mostarda, sementes de funcho e sementes de nigela) para incorporar nos seus pratos.
- **Chás**: Prepare chás de ervas com ervas e especiarias frescas ou secas. Por exemplo, um chá feito com gengibre e limão pode ajudar a digestão e proporcionar uma opção de bebida refrescante.
- **Infusões**: Crie água ou bebidas infundidas com ervas como a hortelã, o manjericão ou os coentros para uma opção de bebida hidratante e saudável.

Práticas Ayurvédicas Diárias:

Ao incorporar estas especiarias e ervas Ayurvédicas na sua rotina diária, pode otimizar a sua nutrição, apoiar a digestão e manter o equilíbrio doshico. Quer sejam utilizadas em cozinhados, chás ou infusões, estas adições aromáticas e saborosas podem melhorar a sua saúde e bem-estar geral de acordo com os princípios da Ayurveda.

Capítulo 5: Receitas para o equilíbrio e a vitalidade

5.1 Receitas para equilibrar Vata

As receitas de equilíbrio de Vata centram-se em alimentos quentes, de base e nutritivos para acalmar a natureza seca e errática de Vata dosha. Aqui estão duas receitas deliciosas e fáceis de fazer:

Sopa de cenoura com especiarias
Ingredientes:

- 4 cenouras grandes, descascadas e cortadas

- 1 colher de sopa de ghee ou azeite

- 1 colher de chá de sementes de cominhos

- 1 colher de chá de coentros em pó

- 1/2 chávena de açafrão-da-terra em pó

- 1/4 de colher de chá de canela em pó

- 1/4 colher de chá de cravinho moído

- 1 polegada de gengibre, ralado

- 1 cebola pequena, picada

- 2 chávenas de caldo de legumes

- 1 chávena de leite de coco

- Sal a gosto

- Coentros frescos para guarnecer

Instruções:
1. Aqueça o ghee ou o azeite numa panela grande em lume médio.
2. Adicione as sementes de cominhos e salteie até começarem a estalar.
3. Adicione as cebolas picadas e o gengibre ralado, salteie até as cebolas ficarem macias.
4. Adicione os coentros, a curcuma, a canela e o cravinho e deixe cozinhar durante 1-2 minutos.

5. Adicione as cenouras e o caldo de legumes e deixe ferver.

6. Reduza o lume e deixe cozinhar em lume brando até as cenouras estarem tenras, cerca de 15-20 minutos.

7. Misture a sopa até ficar homogénea utilizando uma varinha mágica ou em lotes numa varinha mágica normal.

8. Junte o leite de coco e sal a gosto. Cozinhar em lume brando durante mais 5 minutos.

9. Decore com coentros frescos e sirva quente.

Papas de aveia cremosas com tâmaras e amêndoas

Ingredientes:

- 1 chávena de aveia em flocos

- 2 chávenas de água

- 1 chávena de leite de amêndoa

- 1/2 colher de chá de canela em pó

- 1/4 colher de chá de cardamomo moído

- 1/4 chávena de tâmaras picadas

- 1/4 chávena de amêndoas picadas

- 1colher de sopa de ghee

- Mel ou xarope de ácer a gosto (opcional) Instruções:

1. Numa panela média, leve a água a ferver.

2. Adicione a aveia em flocos e reduza o lume para baixo. Cozinhe em lume brando até a aveia ficar macia, cerca de 5 minutos.

3. Junte o leite de amêndoa, a canela, o cardamomo, as tâmaras picadas e as amêndoas.

4. Cozinhe durante mais 2-3 minutos até ficar cremoso.

5. Junte o ghee e adoce com mel ou xarope de ácer, se desejar.

6. Sirva quente e desfrute de um início de dia nutritivo.

5.2 Receitas para equilibrar Pitta

As receitas para equilibrar Pitta dão ênfase a alimentos refrescantes, calmantes e menos oleosos para acalmar a natureza ardente de Pitta dosha. Experimente estas receitas refrescantes e calmantes:

Salada de pepino e hortelã

Ingredientes:

- 2 pepinos grandes, descascados e cortados em rodelas finas
- 1/2 chávena de folhas de hortelã fresca, picadas
- 1/4 chávena de iogurte natural (opcional para um efeito refrescante extra)
- 1 colher de sopa de sumo de limão fresco
- 1 colher de sopa de azeite
- Sal a gosto
- Uma pitada de pimenta preta
- 1 colher de chá de cominhos torrados em pó

Instruções:

1. Numa tigela grande, misture os pepinos cortados e as folhas de hortelã picadas.
2. Numa tigela pequena, misture o iogurte (se utilizar), o sumo de limão, o azeite, o sal, a pimenta preta e o cominho em pó torrado.
3. Deite o molho sobre o pepino e a hortelã e envolva-os cuidadosamente.
4. Deixe arrefecer no frigorífico durante 15 minutos antes de servir para um sabor refrescante.

Pudim de arroz de coco refrescante

Ingredientes:

- 1 chávena de arroz basmati
- 2 chávenas de água
- 2 chávenas de leite de coco

- 1/4 chávena de açúcar ou adoçante natural à escolha

- 1/2 colher de chá de cardamomo moído

- 1/4 colher de chá de noz-moscada moída

- 1/4 chávena de coco ralado

- Fatias de manga fresca para decorar

Instruções:

1. Passar o arroz basmati por água fria até a água ficar transparente.
2. Numa panela média, leve a água a ferver. Adicione o arroz e reduza o lume para baixo, tape e deixe cozinhar em lume brando até a água ser absorvida, cerca de 15 minutos.
3. Junte o leite de coco, o açúcar, o cardamomo, a noz-moscada e o coco ralado. Cozinhe em lume brando, mexendo frequentemente, até a mistura ficar cremosa e o arroz tenro, cerca de 20 minutos.
4. Sirva quente ou frio, guarnecido com fatias de manga fresca.

5.3 Receitas para equilibrar Kapha

As receitas de equilíbrio de Kapha centram-se em alimentos leves, secos e quentes para contrabalançar a natureza pesada e lenta de Kapha dosha. Aqui estão duas receitas revigorantes:

Guisado de lentilhas picante

Ingredientes:

- 1 chávena de lentilhas vermelhas, passadas por água
- 1 colher de sopa de óleo de mostarda orghee
- 1 colher de chá de sementes de cominhos
- 1 colher de chá de sementes de mostarda
- 1 cebola picada
- 2 dentes de alho, picados
- Um pedaço de gengibre de 1 polegada, ralado
- 1tomate picado
- 1 colher de chá de curcuma em pó
- 1 colher de chá de cominhos moídos

- 1 colher de chá de coentros moídos
- 1/2 colher de chá de pimenta de caiena
- 4 chávenas de caldo de legumes
- 1 molho de espinafres picados
- Sal a gosto

- Coentros frescos para guarnecer

Instruções:

1. Aqueça óleo de mostarda ou ghee numa panela grande em lume médio.
2. Adicione as sementes de cominhos e as sementes de mostarda e salteie até começarem a estalar.
3. Adicione a cebola picada, o alho e o gengibre ralado e refogue até a cebola ficar macia.
4. Junte o tomate picado, a curcuma, os cominhos moídos, os coentros e a pimenta de caiena. Cozinhe durante 2-3 minutos.
5. Adicione as lentilhas lavadas e o caldo de legumes. Deixe ferver, reduza o lume e deixe cozinhar em lume brando até as lentilhas estarem tenras, cerca de 20-25 minutos.
6. Adicione os espinafres picados e cozinhe até ficarem murchos, cerca de 2 minutos.
7. Tempere com sal e decore com coentros frescos. Sirva quente.

Legumes salteados com gengibre e curcuma

Ingredientes:

- 1 colher de sopa de azeite
- 1 colher de chá de sementes de mostarda
- 1 colher de chá de sementes de cominhos
- Pedaço de gengibre de 1 polegada, cortado em juliana
- 2 dentes de alho, picados
- 1/2 colher de chá de curcuma em pó
- 1 cenoura grande , cortada em juliana
- 1 pimentão cortado às rodelas
- 1 chávena de floretes de brócolos
- 1abobrinha cortada em rodelas

- Sal a gosto
- Uma pitada de pimenta preta
- Sumo de limão fresco
- Coentros frescos para guarnecer

Instruções:

1. Aqueça o azeite numa frigideira grande ou num wok em lume médio.

2. Adicione as sementes de mostarda e as sementes de cominhos e salteie até começarem a estalar.

3. Adicione o gengibre cortado em juliana e o alho picado, salteie até ficarem perfumados.

4. Junte o açafrão-da-terra em pó e, em seguida, adicione a cenoura, o pimentão, os brócolos e as curgetes. Frite durante 5-7 minutos até os legumes ficarem tenros e estaladiços.

5. Tempere com sal e pimenta preta e esprema o sumo de limão fresco por cima.

6. Decore com coentros frescos e sirva quente como uma refeição leve e revigorante.

Estas receitas foram concebidas para equilibrar os doshas e promover a vitalidade através de escolhas alimentares conscientes, apoiando a sua jornada para uma saúde e bem-estar óptimos.

Capítulo 6: Desintoxicação e limpeza ayurvédicas

6.1 A importância da desintoxicação

Na Ayurveda, a desintoxicação é considerada essencial para manter a saúde e prevenir doenças. Acredita-se que a acumulação de toxinas (ama) no corpo é a causa principal de muitos problemas de saúde. As práticas de desintoxicação têm como objetivo eliminar o ama e restabelecer o equilíbrio do corpo, da mente e do espírito.

Benefícios da desintoxicação

- **Melhoria da digestão**: A desintoxicação apoia a função de Agni (fogo digestivo), levando a uma melhor digestão e absorção de nutrientes.

- **Níveis de energia melhorados**: A eliminação de toxinas permite que a energia do corpo flua mais livremente, levando a um aumento da vitalidade e da resistência.

- **Mente mais clara**: As práticas de desintoxicação ajudam a eliminar o nevoeiro mental e a promover a clareza mental, a concentração e a atenção.

- **Emoções equilibradas**: Ao eliminar as toxinas físicas, a desintoxicação também ajuda a equilibrar as emoções e a promover o bem-estar mental.

- **Imunidade reforçada**: Um corpo limpo e equilibrado está mais bem equipado para combater infecções e doenças, levando a um sistema imunitário mais forte.

6.2 Panchakarma: O programa ayurvédico de desintoxicação

Panchakarma é um programa de desintoxicação abrangente na Ayurveda que consiste em cinco procedimentos terapêuticos principais. Foi concebido para limpar profundamente o corpo, a mente e o espírito e restabelecer o equilíbrio dos doshas. O Panchakarma é normalmente efectuado sob a orientação de um médico ayurvédico com formação e envolve uma série de tratamentos adaptados às necessidades individuais.

As cinco terapias de Panchakarma

O Panchakarma é um programa abrangente de desintoxicação e rejuvenescimento da Ayurveda que tem por objetivo restaurar o equilíbrio e a harmonia do corpo, da mente e do espírito. Consiste em cinco tratamentos terapêuticos, cada um visando diferentes aspectos da saúde e do bem-estar. Aqui estão as cinco terapias de Panchakarma:

1. Vamana (Emese terapêutica):
• Objetivo: O Vamana destina-se a eliminar o excesso de Kapha dosha do corpo através de vómitos controlados.
• Processo: Esta terapia envolve a ingestão de ervas medicinais seguida de indução do vómito para expulsar as toxinas e a congestão do trato respiratório superior e do estômago.
• Benefícios: Vamana ajuda a aliviar as condições respiratórias, alergias e distúrbios relacionados com o excesso de Kapha, como a asma e a bronquite.

2. Virechana (terapia de purga):
• Objetivo: Virechana tem por objetivo limpar os intestinos e eliminar o excesso de Pitta dosha e as toxinas do corpo através de uma purgação controlada.
• Processo: Esta terapia envolve a administração de ervas purgativas para induzir movimentos intestinais controlados e eliminar as toxinas acumuladas do trato gastrointestinal.
• Benefícios: O Virechana ajuda a melhorar a digestão, a aliviar as afecções da pele e a equilibrar as perturbações relacionadas com Pitta, como a acidez, a iterícia e as perturbações do fígado.

3. Basti (terapia com clisteres):
• Objetivo: Basti tem como objetivo a limpeza do cólon, o equilíbrio do Vata dosha e o rejuvenescimento do corpo através da administração de enemas de ervas.

•	Processo: Basti consiste na introdução de óleos medicinais ou decocções de ervas no cólon através do reto, facilitando a eliminação das toxinas acumuladas e promovendo a saúde intestinal.

•	Benefícios: O Basti ajuda a aliviar a obstipação, a melhorar a digestão, a aliviar as dores nas articulações e a nutrir os tecidos, o que o torna benéfico para as doenças relacionadas com Vata, como a artrite, a obstipação e as condições neurológicas.

4. Nasya (administração nasal):

•	Objetivo: O Nasya tem como objetivo desobstruir os seios nasais, promover a clareza mental e equilibrar os doshas através da administração de óleos medicinais ou pós de ervas nas passagens nasais.

•	Processo: Nasya envolve a aplicação de óleos ou pós medicinais nas narinas para lubrificar as passagens nasais, descongestionar e promover a saúde respiratória.

•	Benefícios: Nasya ajuda a aliviar a congestão sinusal, as dores de cabeça, a insónia e as perturbações neurológicas, equilibrando os doshas e melhorando a função respiratória geral.

5. Raktamokshana (Terapia de sangria):

•	Objetivo: O Raktamokshana consiste na remoção de sangue impuro do corpo para tratar doenças específicas relacionadas com a toxicidade e a estagnação do sangue.

•	Processo: Esta terapia pode incluir técnicas como a venesecção (sangria) ou a terapia com sanguessugas para extrair as impurezas do sangue e promover a circulação.

•	Benefícios: Raktamokshana ajuda a aliviar as doenças de pele, artrite e condições inflamatórias, purificando o sangue e removendo as toxinas do corpo.

As terapias Panchakarma são ferramentas poderosas da Ayurveda para a desintoxicação, o rejuvenescimento e o restabelecimento do equilíbrio do corpo. Ao submeterem-se a estas terapias sob a orientação de profissionais ayurvédicos qualificados, os indivíduos podem experimentar uma cura e transformação profundas a nível físico, mental e espiritual.

6.3 Práticas simples de desintoxicação caseira

Embora o Panchakarma ofereça um programa de desintoxicação abrangente, existem várias práticas simples que pode fazer em casa para apoiar os processos naturais de desintoxicação do seu corpo e promover a saúde e o bem-estar geral. Aqui estão três práticas eficazes:

1. Raspagem da língua:

- **- O que é**: A raspagem da língua é uma prática ayurvédica em que se raspa suavemente a superfície da língua com um raspador de língua ao acordar de manhã.

- **Benefícios**: Ajuda a eliminar as toxinas que se acumularam na língua durante a noite, melhora a higiene oral, estimula a digestão e melhora o sentido do paladar.

- **Como fazer**: Segure as extremidades do raspador de língua e raspe suavemente da parte de trás da língua para a frente várias vezes. Enxaguar o raspador após cada passagem.

2. Puxar óleo:

- **O que é**: A extração de óleo consiste em passar óleo (como óleo de sésamo ou de coco) na boca durante 10 a 20 minutos antes de o cuspir.

- **Benefícios**: Esta prática antiga ajuda a eliminar as toxinas da boca, apoia a saúde oral, refresca o hálito e promove gengivas saudáveis.

- **Como fazer**: Pegue numa colher de sopa de óleo e faça movimentos circulares na boca, puxando-o através dos dentes e à volta das gengivas. Cuspa o óleo no lixo (não no lava-loiça) após o tempo estipulado.

3. Água morna com limão:

- **O que é**: Beber água morna com limão logo pela manhã é uma forma suave de dar início aos processos de desintoxicação do seu corpo.

- **Benefícios**: A água com limão estimula a digestão, elimina as toxinas, hidrata o corpo, alcaliniza o sistema e reforça a função imunitária.

- **Como fazer**: Esprema o sumo de meio limão para um copo de água morna. Beba-o com o estômago vazio, antes de consumir qualquer alimento ou bebida.

Incorporar estas práticas:

- **A consistência é fundamental**: Tente incorporar estas práticas na sua rotina diária para obter o máximo benefício.
- **Comece devagar**: Comece com uma prática de cada vez e incorpore gradualmente outras à medida que se sentir mais confortável.
- **Ouça o seu corpo**: Preste atenção à forma como o seu corpo reage a cada prática e ajuste-a conforme necessário.
- **Tornar isto numa rotina**: Integre estas práticas na sua rotina matinal para estabelecer um hábito saudável.

Ao incorporar estas práticas simples de desintoxicação na sua rotina diária, pode apoiar os processos naturais de desintoxicação do seu corpo e promover a saúde e a vitalidade gerais.

Capítulo 7: Integrar a Ayurveda na vida moderna

7.1 Superar os desafios

Embora a Ayurveda ofereça uma sabedoria profunda para a saúde e o bem-estar, a integração dos seus princípios na vida moderna pode colocar desafios. Os obstáculos mais comuns incluem restrições de tempo, diferenças culturais e informações contraditórias provenientes de fontes tradicionais. Ultrapassar estes desafios requer paciência, perseverança e vontade de adaptar as práticas ayurvédicas às necessidades e circunstâncias individuais.

Estratégias para superar os desafios

A incorporação dos princípios ayurvédicos no seu estilo de vida pode trazer inúmeros benefícios, mas também pode apresentar desafios à medida que se adapta a novos hábitos e rotinas. Eis algumas estratégias para o ajudar a ultrapassar estes desafios e integrar a Ayurveda na sua vida com sucesso:

1. Começar pequeno:

   - Comece a sua viagem ayurvédica incorporando práticas simples na sua rotina diária, como uma alimentação consciente ou uma auto-massagem suave (Abhyanga).

   - Comece com uma ou duas práticas de cada vez, aumentando-as gradualmente à medida que se vai sentindo mais confortável e confiante.

2. Definir objectivos realistas:

   - Defina objectivos exequíveis com base nas suas necessidades individuais, preferências e restrições de estilo de vida.

   - Dê prioridade às práticas ayurvédicas que mais ressoam em si e que se alinham com as suas circunstâncias actuais.

   - Divida os objectivos maiores em etapas mais pequenas e geríveis para manter a motivação e os progressos ao longo do tempo.

3. Procurar apoio:

   - Participe em comunidades ayurvédicas, fóruns em linha ou grupos locais onde pode estabelecer contacto com pessoas que pensam da mesma forma e partilhar experiências, desafios e sucessos.

- Procure orientação junto de profissionais ayurvédicos qualificados que possam fornecer aconselhamento e apoio personalizados, adaptados à sua constituição e objectivos de saúde únicos.
- Rodeie-se de uma rede de apoio de amigos, familiares ou mentores que compreendam e incentivem o seu empenho numa vida holística.

4. Manter-se flexível:
- Esteja aberto à experimentação e à adaptação à medida que explora as práticas e os princípios ayurvédicos.
- Reconheça que o que funciona para uma pessoa pode não funcionar para outra e dê a si próprio a liberdade de modificar as práticas de acordo com as suas necessidades e preferências individuais.
- Abrace a viagem de auto-descoberta e aprendizagem, mantendo-se curioso e de mente aberta enquanto navega no caminho da Ayurveda.

5. Praticar a autocompaixão:
- Seja gentil consigo próprio e pratique a auto-compaixão ao incorporar as práticas ayurvédicas na sua vida.
- Aceite que os contratempos e desafios são uma parte natural do processo e aborde-os com paciência, compreensão e resiliência.
- Comemore os seus progressos e realizações, por mais pequenos que sejam, e reconheça o esforço que está a fazer para cuidar da sua saúde e bem-estar.

Ao implementar estas estratégias, pode ultrapassar desafios e obstáculos na sua viagem ayurvédica, promovendo uma maior harmonia, equilíbrio e vitalidade na sua vida. Lembre-se que cada passo que dá no sentido de abraçar a Ayurveda aproxima-o de uma saúde e bem-estar óptimos, enriquecendo a sua mente, corpo e espírito ao longo do caminho.

7.2 Personalizar o seu percurso ayurvédico

A Ayurveda reconhece que cada indivíduo é único, com a sua própria constituição (Prakriti), desequilíbrios (Vikriti) e circunstâncias de vida. Personalizar a sua viagem ayurvédica implica compreender as suas necessidades e preferências únicas e adaptar as práticas ayurvédicas em conformidade.

Passos para personalizar o seu percurso ayurvédico

1. **Conheça o seu Dosha**: Determine o seu dosha dominante (Vata, Pitta ou Kapha) fazendo um teste de dosha ou consultando um médico ayurvédico.

2. **Identificar desequilíbrios**: Avaliar quaisquer desequilíbrios ou preocupações de saúde que possa ter e identificar padrões no seu bem-estar físico, mental e emocional.

3. **Escolher as práticas adequadas**: Selecione práticas ayurvédicas que tratem dos seus desequilíbrios específicos e apoiem o seu bem-estar geral. Por exemplo, se tiver um desequilíbrio de Vata, concentre-se em práticas de aterramento e nutrição.

4. **Ouça o seu corpo**: Preste atenção à forma como as diferentes práticas o fazem sentir e ajuste-as em conformidade. Confie na sua intuição e sabedoria interior.

7.3 Criar um ambiente de apoio

Criar um ambiente de apoio é essencial para integrar a Ayurveda na vida moderna. Isto inclui o cultivo de uma dieta nutritiva, uma rotina diária harmoniosa e uma rede social de apoio que esteja de acordo com os princípios ayurvédicos.

Dicas para criar um ambiente de apoio

- **Dieta nutritiva**: Abasteça a sua cozinha com alimentos frescos e integrais que apoiem o seu dosha e promovam o equilíbrio.

- **Rotina diária harmoniosa**: Estabelecer uma rotina diária que inclua práticas ayurvédicas como a massagem com óleo, a meditação e o ioga. Crie um espaço de vida pacífico e sem desordem que promova o relaxamento e o equilíbrio.

- **Relações de apoio**: Rodeie-se de pessoas que apoiam o seu percurso ayurvédico e partilham valores semelhantes. Envolva-se em ligações significativas e dê prioridade ao autocuidado e ao apoio mútuo.

7.4 Dicas ayurvédicas para um estilo de vida agitado

Mesmo com um estilo de vida agitado, é possível integrar os princípios ayurvédicos na sua rotina diária. Aqui estão algumas dicas práticas para incorporar a Ayurveda na vida moderna:

Conselhos práticos para estilos de vida ocupados

- **Simplificar as refeições**: Concentre-se em refeições simples e nutritivas que possam ser preparadas rapidamente. Cozinhe em lotes e prepare as refeições com antecedência para poupar tempo durante a semana.
- **Alimentação consciente em viagem**: Pratique a alimentação consciente mesmo quando está ocupado. Respire fundo algumas vezes antes de comer, mastigue devagar e saboreie cada dentada.
- **Práticas ayurvédicas curtas**: Incorporar práticas ayurvédicas curtas no seu dia, como alguns minutos de respiração profunda, auto-massagem com óleo ou uma breve sessão de meditação.
- **Mantenha-se hidratado**: Mantenha uma garrafa de água consigo durante todo o dia e beba água regularmente para se manter hidratado e apoiar a digestão.
- **Dar prioridade ao sono**: Procure dormir e acordar a horas constantes, mesmo em dias atarefados. Crie uma rotina calmante à hora de deitar para promover o relaxamento e um sono reparador.

Ao incorporar estas dicas ayurvédicas no seu estilo de vida agitado, pode experimentar os benefícios profundos da Ayurveda e criar um maior equilíbrio, vitalidade e bem-estar na sua vida.

Referências

- Bode, M. (2013). Vislumbres de Sabedoria. Uma coleção de ensaios sobre Ayurveda. *Jornal de Ayurveda e Medicina Integrativa, 4*(2), 123-125. Obtido em https://search.proquest.com/scholarly-journals/glimpses-wisdom-collection-essays-on-ayurveda/docview/1399968142/se-2?accountid=25704

- Burge, D. L., Boucherle, G., Sarbacker, S. R., Singleton, M., Goldberg, E., Waghorne, J. P.,... Yoga, A. (2014). *Yoga e Cabala como religiões mundiais? Uma perspetiva comparativa sobre a globalização dos recursos religiosos. Gurus do Yoga Moderno* (Vol. 15, p. 416).

- Chishti, H. G. M. (1988). The Traditional Healer's Handbook.

- Lipski, E. (2020). O sistema imunológico GUT. Em *Terapia nutricional médica integrativa e funcional* (pp. 367-377). Springer International Publishing. https://doi.org/10.1007/978-3-030-30730-1 23

- M., M. (2006). A Pirâmide dos Alimentos Curativos: Uma Ferramenta de Nutrição Integrativa. Explorar: The Journal of Science and Healing, 2(4), 352-356.

- Patel, J. V., Vyas, A., Cruickshank, J. K., Prabhakaran, D., Hughes, E., Khajuria, S., ... Edição, S. (2015). Alimentos indianos: guia da AAPI para nutrição, saúde e diabetes. *Jornal Europeu de Obstetrícia e Ginecologia, 785* (novembro de 2014), 1-18. Recuperado de http: //dx.doi.org/10.1016/j .ej o grb .2015.09.024

- V, S. (2021). Ayurveda (Ciência da Vida): A Foundation t Food and Nutrition. *Journal of Natural & Ayurvedic Medicine, 5*(2), 1-3. https://doi.org/10.23880/jonam-16000307

I want morebooks!

Buy your books fast and straightforward online - at one of world's fastest growing online book stores! Environmentally sound due to Print-on-Demand technologies.

Buy your books online at
www.morebooks.shop

Compre os seus livros mais rápido e diretamente na internet, em uma das livrarias on-line com o maior crescimento no mundo! Produção que protege o meio ambiente através das tecnologias de impressão sob demanda.

Compre os seus livros on-line em
www.morebooks.shop

Printed by Books on Demand GmbH, Norderstedt / Germany